JN301606

みぃつけた!

にわや つうがくろの ちいさな いきもの

みぢかな いきもの ①

写真・構成
松橋利光

まいにち とおる つうがくろや、
いえの にわ。いろいろな いきものが
くらしているよ。たちどまって、
よーく かんさつしてみよう。

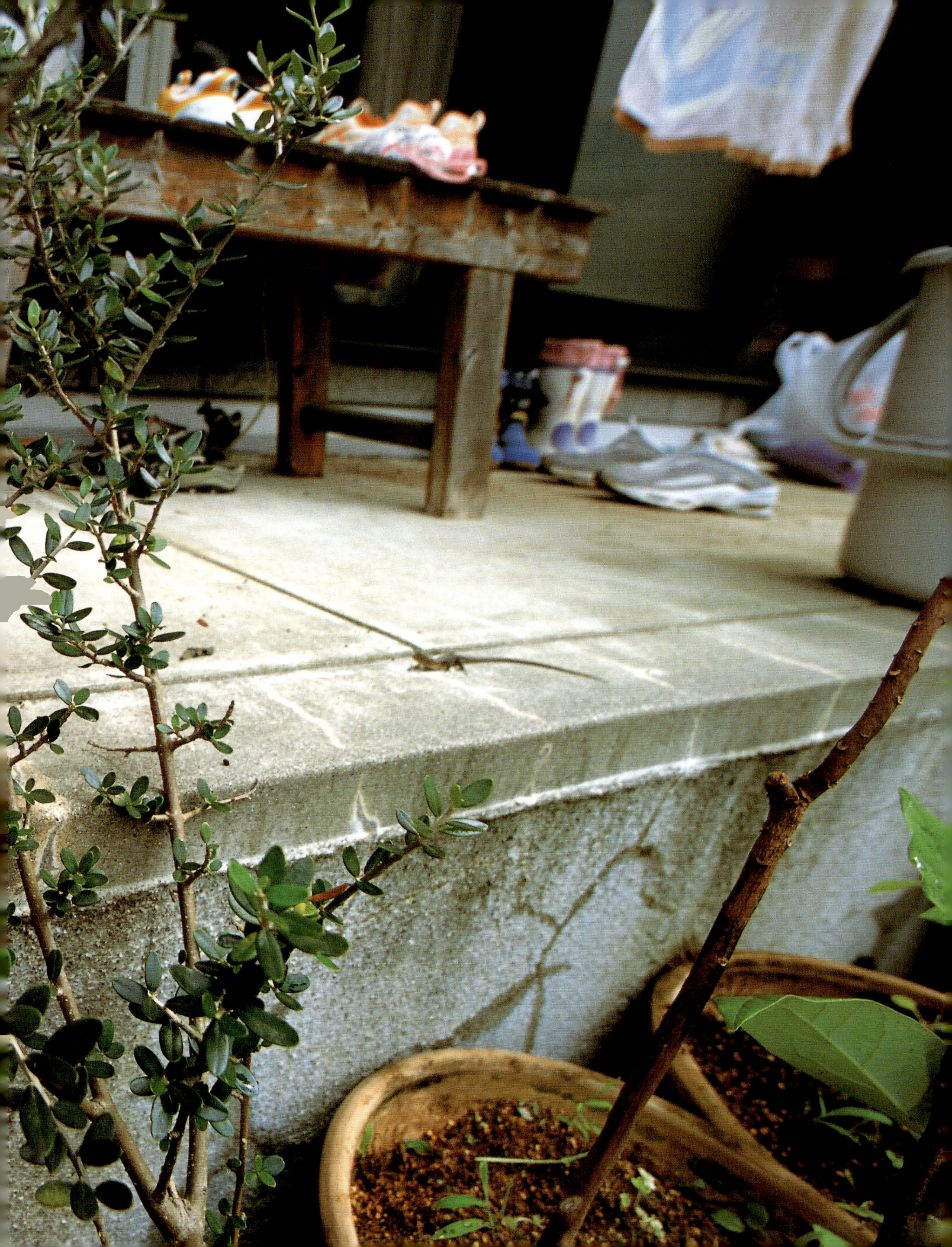

みいっけた！

テントウムシ
（ナナホシテントウ）
- からだの 大きさ
  1センチくらい
- みつけやすい きせつ
  はる〜あき

レンゲソウの 花のうえで、テントウムシを みつけたよ。
テントウムシは、あたたかい きせつに 花や はっぱのうえで
あわただしく うごきまわっていることが おおいから、
きっと かんたんに みつかるよ。

▶テントウムシの なかでも、はねに 7つの ほしが ついた、ナナホシテントウは、にくしょくの こんちゅう。なかでも、アブラムシが だいこうぶつ。みぎの しゃしんで、赤く うつっているのが アブラムシ。

▶ナナホシテントウの ようちゅうも、アブラムシを たべる。ナナホシテントウを みつけたら、ちかくで ようちゅうを さがしてみよう。

かんさつしよう

ナナホシテントウは どんな からだを しているのかな？

ぜんたいに、まるみを おびた からだつきが とくちょう。

ナナホシテントウの ほしの かずは 7つ と きまっている。いっぽう ナミテントウは、はねの いろや ほしの かずが ちがう ものが いる。

てきに おそわれると、足から くさい しるを だして、みを まもる。

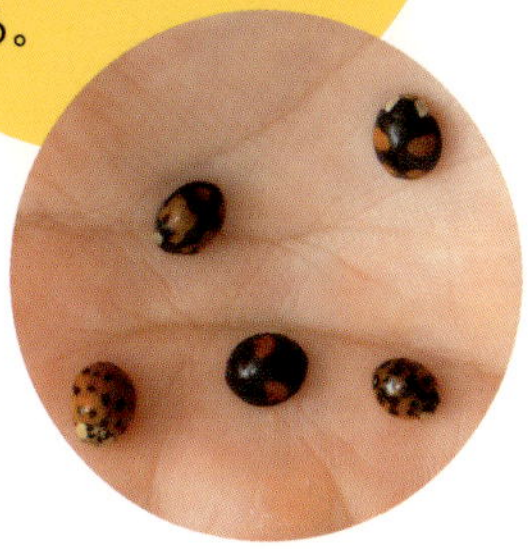

ナミテントウ
● 5ミリ～1センチ
● はる～あき

たかいところに むかう テントウムシ

テントウムシには、どんどん たかいところへ むかう しゅうせいが ある。テントウムシという なまえも、たかいところに のぼって、たいよう（おてんとうさま）に むかって とぶようすから つけられた。
テントウムシを シーソーに のせて、じっけんをしてみよう。じぶんの おもさで シーソーが さがると、からだの むきを かえて、うえのほうに のぼりはじめる。これを くりかえすんだ。

● からだの 大きさ　● みつけやすい きせつ

みいつけた!

アリ
（クロナガアリ）
- からだの 大きさ
  5ミリくらい
- みつけやすい きせつ
  あき

にわに ちいさな あなが あいていた。アリの すだ。
アリたちが 土を かきだしたり、
えさを はこんできたり、
一日中 でたりはいったりしているよ。

かんさつしよう

アリは、どんな からだをしているのかな？
（この しゃしんは、クロオアリ。）

クロオアリ
- 1センチくらい
- はる〜あき

くらいところに すんでいるため、目は あまり よく みえない。

2つに おれまがった ながい しょっかくで、まわりの ようすを さぐる。においや あじを かんじることも できる。

ほそながいけれど、しっかりとした 足。

大きな あごを もっている。えさを はこんだり、てきを こうげきするのに やくだつ。

さがしてみよう

うえきばちを ひっくりかえしたときなどに みつかる、赤くて ちいさな アリ。
これは なんていう アリなのかな？

▲**アミメアリ**
きまった すを もたず、ぎょうれつして いどうする ようすが よく みられる。
しゃしんでは、ようちゅうを はこんでいる。
- 3ミリくらい
- はる〜あき

アリたちの ごちそうさがし

みぢかな ばしょで みられる おおくの アリは、こんちゅうを たべたり、しょくぶつの みつを なめたりする、ざっしょくせいの こんちゅう。にわや こうえんで、ごちそうを あつめる アリたちの すがたを かんさつしよう。

◀クロオアリが アブラムシの そばに やってきた。アブラムシの だす あまい しるが だいこうぶつなんだ。

アブラムシ

▶アリは とても ちからもち。ムカデを、すまで はこんでいる。

- からだの 大きさ
- みつけやすい きせつ

みいつけた!

カナヘビ
（ニホンカナヘビ）
● からだの 大きさ
15〜27センチくらい
● みつけやすい きせつ
はる〜あき

あさ、にわで カナヘビが ひなたぼっこをしていたよ。
カナヘビは、たいようが のぼると あらわれて、
日だまりで からだを あたためるんだ。
からだが あたたまると、にわじゅうを ちょろちょろ
うごきまわって、えさを さがしはじめるよ。

かんさつしよう

カナヘビを 手で もって、からだの とくちょうを しらべてみよう。

目つきは するどくて、口が 大きい。

からだ ぜんたいに たいして、しっぽが ながい。

カナヘビを もってみよう
くびの つけねを やさしく つかむ。かまれると すこし いたいから、気をつけよう。

足のさきには、とがった つめが ついている。

◀ カナヘビの たまごと たまごから うまれた 赤ちゃん。カナヘビは、なつの はじめごろに、うえきばちの したや ものかげで たまごを うむ。

カナヘビと トカゲ、みわけられるかな？

カナヘビと トカゲを みわけるには、からだつきと いろに ちゅうもくしよう。
- **カナヘビ** ほそながい からだつき。からだの ひょうめんは、がさがさした かんじで ちゃいろ。
- **トカゲ** ずんぐりした からだつき。ひょうめんは、つるつるしたかんじ。こどもや メスは、くろくて しっぽが あおい。おとなの オスは、ぜんたいに ちゃいろ。

▶ メスの トカゲ

みいつけた!

> **メジロ**
> ●からだの 大きさ
> 11.5センチくらい
> ●みつけやすい きせつ
> 一年中

サクラの 木の えだに、メジロが とまっていたよ。
花のなかに くちばしを つっこんで、みつを なめているんだ。

▲なつのはじめごろには、メジロの すで、ひなを みつけることもできる。

10

さがしてみよう

にわには どんな とりが やってくるかな？
つうがくろでは、どんな とりに であえるかな？

▲ スズメ
人の すむ いえの そばで くらしている。草の たねや こんちゅうを たべる。　●14.5センチくらい　●一年中

▲ ジョウビタキ
こうえんや はたけの そばで みつかることが おおい。こんちゅうや くだものを たべる。　●14センチくらい　●ふゆ

▲ ツグミ
こうえんや じゅうたくち、かわら などで みつかる。こんちゅうや くだものを たべる。
●24センチくらい　●ふゆ

▲ シジュウカラ
はやしや じゅうたくちで みつけやすい。こんちゅうや 草の たねを たべる。
●14.5センチくらい　●一年中

▲ キジバト
まちなかでも おおく みられる。草の たねや くだものを たべる。
●33センチくらい　●一年中

▶ ムクドリ
はたけの そばや まちなどで くらす。じめんに くちばしを さして、こんちゅうなどを さがして たべる。
●24センチくらい　●一年中

◀ ヒヨドリ
じゅうたくちでも みつけやすい。花の みつや こんちゅうを たべる。
●27.5センチくらい　●一年中

●からだの 大きさ　●みつけやすい きせつ

みいつけた!

ツバメ
- からだの 大きさ
  17センチくらい
- みつけやすい きせつ
  なつのはじめ

きんじょの いえの のきしたに
ツバメの すが できていた。
どろや わらなどで できた すから、
赤ちゃんが 4わ かおを だしていたよ。

かんさつしよう

ツバメは、雨や かぜが ふきこみにくく、カラスや ヘビなどの てきに おそわれにくい ばしょに すを つくるよ。ツバメの すを みつけたら、ひなが そだって すだつ ようすを かんさつしよう。かんさつにっきを つけても いいね。

▶赤ちゃんに えさを はこぶのは、おやどりの やくめ。おもに、ちいさな こんちゅうが えさになる。

◀ガードレールのうえで すだったばかりの 子ツバメを みつけた。まだ じょうずに とぶことが できず、じぶんで えさを つかまえられない 子ツバメが、大きな 口を あけて、おやに えさを ねだっている。

ツバメの 赤ちゃんが すから おちてしまったら……？

すだったばかりの ツバメの ひなが、どうろに おちて しまっているのを みつけたよ。車に ひかれては たいへんと おもって、そっと 手を だすと、うえに のった。目が 大きく、はねが ながいのが わかるね。そのあと、あんぜんなところに いどうさせたら、げんきに とんでいった。よかったね。

＊ツバメやスズメのように、民家で子育てをする野鳥は、巣だったばかりの若鳥や巣からおちてしまったひなを、目にするきかいもあります。しかし、野鳥はつかまえたり飼育してはいけません。安全なところへはこんでやるばあいも、手でつかまずに、そっと手の上にのせるようにして移動させてやりましょう。にげようとするときは手をだすのをやめ、けっしておいかけたり、むりにつかまえたりしないでください。

みいつけた！

> **カタツムリ**
> （ミスジマイマイ）
> ●からの ちょっけい
> 3.5センチくらい
> ●みつけやすい きせつ
> **なつのはじめ**

雨(あめ)あがりの つうがくろで、コンクリートの へいを のぼる
カタツムリを みつけたよ。
カタツムリは しめったところが だいすきだから、
はれた 日(ひ)は、大(おお)きな はっぱのうらや、日(ひ)かげに
かくれている。雨(あめ)が ふると、げんきに うごきだすんだ。

▶カタツムリの からだは やわらかくて、ネバネバした ねんえきで まもられている。とがった いろえんぴつの うえでも、えんぴつの しんの さきを 足(あし)で つつむようにしながら、すいすいと あるくことができる。

カタツムリの うんちの ふしぎ

カタツムリの うんちは、たべたものと おなじ いろに なるよ。キャベツや にんじんを たべさせて、うんちの いろを くらべてみよう。

キャベツを たべたら…？

にんじんを たべたら…？

かんさつしよう

カタツムリの からだの とくちょうを みてみよう。

▲ながい しょっかくで、まわりの ようすを さぐる。みじかい しょっかくで、あじや においを かんじる。口(くち)は、★の ぶぶん。

ながいものと みじかいもの あわせて 4本(ほん)の しょっかくが ある。ながい しょっかくの さきに、目(め)が ついている。

◀うんちをする ようす。おしりの あなは、からの いりぐちの そばにある。

▲かんそうした 日(ひ)が つづくと、からの いりぐちに まくを はる。

からは、せいちょうと ともに 大(おお)きく なる。

みぃつけた!

ようちゅう
●みつけやすい きせつ
はる〜なつ

にわに はえている
サンショウの 木で、
大きな ようちゅうを
みつけたよ。
なんの ようちゅうかな？

かんさつしよう

ようちゅうは、サンショウの はっぱを ぜんぶ たべて、さなぎに なったよ。さなぎから あらわれたのは……？

1 さなぎになって、2しゅうかんくらい。もようが うっすら みえてきた。

2 せなかの かわが すこし やぶれて、なかから なにかが でてきた。

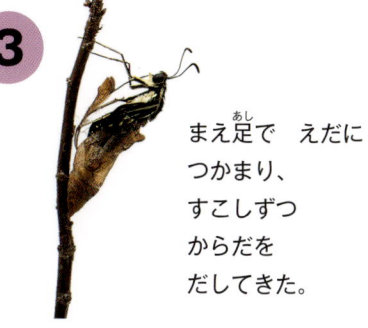

3 まえ足で えだに つかまり、すこしずつ からだを だしてきた。

4 くろい はねの チョウのように みえるけど……？

5 しわしわだった はねが すこし のびてきた。

6 はねの もようも わかるように なった。

7 はねを ぴんと のばしたら……？

アゲハチョウ！

さなぎから、チョウになることを「うか」と いう。
さなぎが すけて、はねの もようが みえてきたら、かんさつを はじめよう。
うかは、だいたい よる 8じごろに はじまり、すうじかん かかる。はねを のばした チョウは、そのまま あさが くるのを まって とびたつんだ。
チョウに なったら、そとに にがしてあげようね。

アゲハチョウ（ナミアゲハ）
- まえばねの ながさ　4～6センチくらい
- みつけやすい きせつ　はる～あき

いろいろな ちいさな いきものを みつけたよ！ ❶

にわの うえ木や みちばたの 草花で みつかる、
ちいさな こんちゅうたちを かんさつしよう。

- からだの 大きさ（チョウは、まえばねの ながさ）
- みつけやすい きせつ

▲ **イチモンジセセリ**
したの はねに 白い はんてんが
まっすぐ ならんでいるのが
とくちょうの、ちいさな チョウ。
- 1.5～2センチ
- はる～あき

◀ **ベニシジミ**
赤い はねに、くろい はんてんの
ある ちいさな チョウ。
- 1.5～2センチ
- はる～あき

▶ **ヤマトシジミ**
はたけや 人の すむ いえの
そばで おおく みられる
ちいさな チョウ。
- 1～1.5センチ
- はる～あき

◀ **オンブバッタ**
メスが オスを おんぶしていることが
おおいので、この なまえが ついた。
草の おおい ばしょで みつかる。
- オス 2～2.5センチ、
  メス 4～4.5センチ
- なつ～あき

▲ アオマツムシ
木のうえで くらしている。はねを たてて、
「リーリー」と なく。
● 2～2.5センチ　　●なつ～あき

▲ ミノムシ（オオミノガ）
木の えだや はっぱなどで できた みののなかには、
オオミノガの メスや ようちゅうが いる。
メスは 一生を、みののなかで くらす。

◀ シモフリコメツキ
ひっくりかえすと、ぱちんと
はねるようにして おきあがる。
まどからの あかりに
さそわれて、あみどなどに
よく とまっている。
● 1.5センチくらい　　●なつ

▶ カネタタキ
せの ひくい にわ木などで みつかる
ちいさな むし。「チンチンチン」と なく。
● 1～1.5センチ　　●なつ～あき

◀ セスジシミ
はねが なく、こんちゅうの
そせんに ちかい なかまと
かんがえられている。
いえのなかでも
よく みられる。
● 1センチくらい
● 一年中

▶ エンマコオロギ
あきちや はたけで みつかる、
大きな コオロギ。
「コロコロコロリー」と なく。
● 2.5～3センチ　　●なつ～あき

みいつけた！

カマキリ
（オオカマキリ）
- からだの 大きさ
  7〜9.5センチ
- みつけやすい きせつ
  なつ〜あき

なつの はらっぱで、カマキリを みつけたよ。
まわりの 草と よく にた いろの
からだで、みつからないように じっと
えさになる こんちゅうを
まっているんだ。

◀ちゃいろい からだの オオカマキリ。
オオカマキリは、くらす ばしょで からだの
いろを かえるのではなく、うまれたときから、
みどりいろのものと ちゃいろのものが いる。

かんさつしよう

カマキリは、えものを とらえ たべるのに、とても
てきした からだを しているよ。

▲とらえた えものを
たべる オオカマキリ。

かまを ふりあげて、
じぶんを 大きく みせている。
てきが ちかづいてきたときに、
この ポーズを する。

大きくて とげの
はえた かまで、
バッタや チョウなどを、
つかまえ、つよい あごで
ばりばり たべる。

大きな 目。
うごくものに
とても びんかん。
ひるも よるも、
ものを みることが
できる。

はねを
ひろげて、
とぶことも
できる。

ふゆごしする カマキリの たまご

ふゆ、木の えだなどで、カマキリの たまごが みつかるよ。
あきに うみつけられた たまごが ふゆごしをしているんだ。
5～6月になると、たまごのなかから ようちゅうが でてくるよ。

▲オオカマキリの たまご。
なかから、100ぴきいじょうの
ようちゅうが うまれる。

21

みいつけた!

> **タマムシ**
> ●からだの 大きさ
> 2.5〜4センチ
> ●みつけやすい きせつ
> **なつ**

よく はれた なつの 日。
にじいろに かがやく はねの タマムシを みつけたよ。
エノキや ケヤキの 木の ちかくを さがすと
みつけやすいんだ。

かんさつしよう

タマムシの からだには、どんな とくちょうが あるかな。

ぎざぎざした みじかめの しょっかく。

はねに 光が あたると、はんしゃによって、さまざまな いろに かがやいて みえる。CDが にじいろに ひかって みえるのと おなじ しくみ。

大きな くろい 目。

はねだけでなく、せなかや おなかも にじいろに ひかっている。

足のさきが ぎざぎざしていて、つるつるした かべなども のぼることが できる。

さがしてみよう

タマムシのように かたい はねを もつ こんちゅうの なかまを、「こうちゅう」と いう。にわや つうがくろでは、タマムシの ほかにも、いろとりどりの からだをした こうちゅうが みつかるよ。

▼ ヨツスジトラカミキリ
クワの 木で よく みつかる。ハチに にた もようの はねで、みを まもっている。
● 1.5〜2センチ　● なつ

▼ ベニカミキリ
たけやぶなどで みつかる 赤い カミキリムシ。
● 1.5〜2センチ　● はる

▲ クロウリハムシ
カラスウリや シソなどの はのうえで みつけやすい。くろと きいろの あざやかな いろの からだをした ちいさな こうちゅう。
● 5ミリ〜1センチ
● はる〜あき

● からだの 大きさ　● みつけやすい きせつ

23

みいつけた!

ダンゴムシ
（オカダンゴムシ）
- からだの 大きさ
  1〜1.5センチ
- みつけやすい きせつ
  はる〜あき

にわの うえきばちを うごかしてみたら、
じめんのうえに ダンゴムシが いたよ。
ダンゴムシは くらくて じめじめしたところが
だいすきなんだ。

▲うえきばちの したには、たくさんの ダンゴムシが いた。ダンゴムシは、おちばや くち木を たべて くらしている。

▲いろが うすくて、すこし ひらべったい からだを しているのは、ワラジムシ。ワラジムシは、ダンゴムシと ちがって、からだを まるめることができない。

かんさつしよう

ダンゴムシを てのひらに のせて、ようすを かんさつしよう。

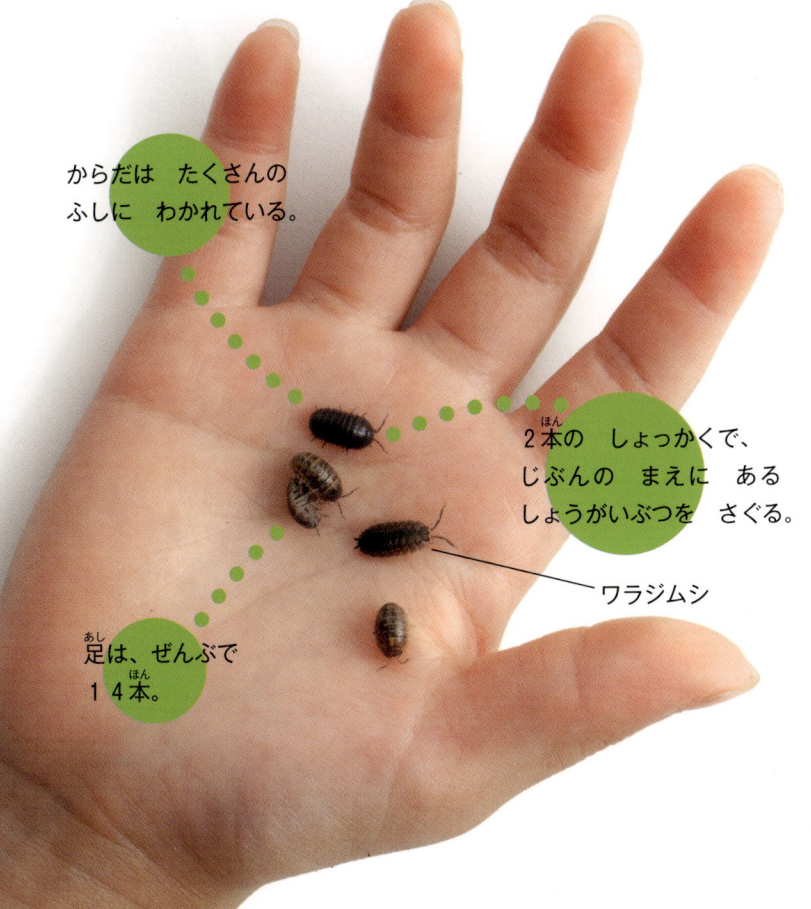

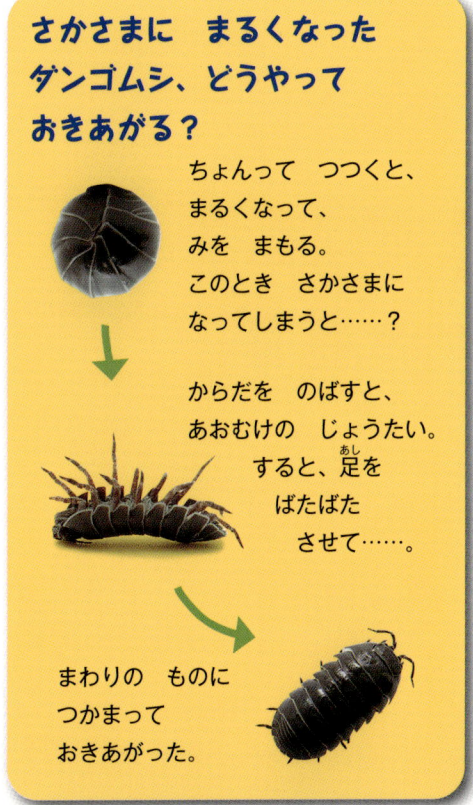

からだは たくさんの ふしに わかれている。

2本の しょっかくで、じぶんの まえに ある しょうがいぶつを さぐる。

ワラジムシ

足は、ぜんぶで 14本。

さかさまに まるくなった ダンゴムシ、どうやって おきあがる？

ちょんって つつくと、まるくなって、みを まもる。このとき さかさまに なってしまうと……？

からだを のばすと、あおむけの じょうたい。すると、足を ばたばた させて……。

まわりの ものに つかまって おきあがった。

25

いろいろな ちいさな いきものを みつけたよ！❷

にわや つうがくろで みつかる、クモや ヤモリ、土の なかで くらす ミミズなどを しょうかいするよ。
- ●からだの 大きさ ●みつけやすい きせつ

▲マミジロハエトリ
にわや しつないで、ふつうに みられる ハエトリグモ。
- ●7ミリくらい ●はる〜なつ

◀ネコハエトリ
なかまどうしで よく けんかを している ハエトリグモ。
- ●8ミリくらい ●はる〜あき

▶ハナグモ
花の うえで まちぶせして、みつを すいにくる えものを とらえる。
- ●2〜8ミリ
- ●はる〜あき

▼アズチグモ
ハナグモと おなじように、花の うえで えものの まちぶせを する クモ。
- ●2〜9ミリ ●なつ

▼オスクロハエトリグモ
草や 花の うえで よく みつかる ハエトリグモ。
- ●1センチくらい ●はる〜あき

◀ **ジョロウグモ**
メス は、いえの
のきした などに
すを つくる。
● 1～3センチ
● あき

◀ **ワカバグモ**
はっぱの うえ などで
みつかる あかるい
みどりいろの クモ。
● 1～1.5センチ
● はる～あき

▲ **ニホンヤモリ**
人の いえに すみつき、かべ などの うえを
はっている。おもに よる、かつどうし、
がいとう などに あつまる こんちゅうを
たべる。
● 10センチくらい　● はる～あき

▶ **トビズムカデ**
にほんで いちばん 大きい
ムカデ。つよい どくを
もっているので、
ちかづかない ように
ちゅういしよう。
● 8～15センチ
● はる～あき

▲ **ミミズ**
じめんの したで くらし、にわの
うえきばちの したなどで みつかる。
おちばや かれた 木の えだなどを
たべる。
● 13センチくらい　● 一年中

▶ **ナメクジ**
しめった くらい ばしょが すきで、
にわの うえきばちの したなどで
みつかる。しょくぶつを たべる。
● 6センチくらい　● はる～あき

いきものを みつけにいこう！

ふくそう・あると べんりな もの

いきものを みつけにいくときは、うごきやすくて よごれても だいじょうぶな ふくそうで でかけよう。

ぼうしは かならず かぶる。

ながそでの シャツと ながズボン。

みずべに いくときは、ながぐつ。

あみ

そうがんきょう

プラケース

カメラ・スケッチブックなど
（いきものの ようすを きろくしよう。）

つかまえるまえの じゅんび

じっさいに いきものを つかまえるまえに、プラケースに じゅんびを しておこう。

カミキリムシ・カブトムシ・トカゲなど 
土のうえに、おちばを たくさん。

カタツムリ・カメなど 
たくさんの おちばと 水。

カナヘビ・バッタ・イナゴなど 
草を いっぱい いれる。

カエルなど 
水と 水草。

チョウや トンボを つかまえるときは、からっぽの ままで だいじょうぶ。

いきものを かってみよう！

この本で とりあげた いきもののなかで、きみたちにも しいくしやすい
いきものの かいかたを しょうかいするよ。

カナヘビ・トカゲ

プケースは、かぜとおしのよい まどべに おこう。
えさは、まいあさ かくればしょから
でてきて 30ぷんくらい
たったころに あたえる。水も
まいにち とりかえてね。

ペットショップなどで
うられている こんちゅうようの
とまり木で、かくればしょを
つくってあげよう。

したに すきまを
つくるようにして、
3つ かさねる。

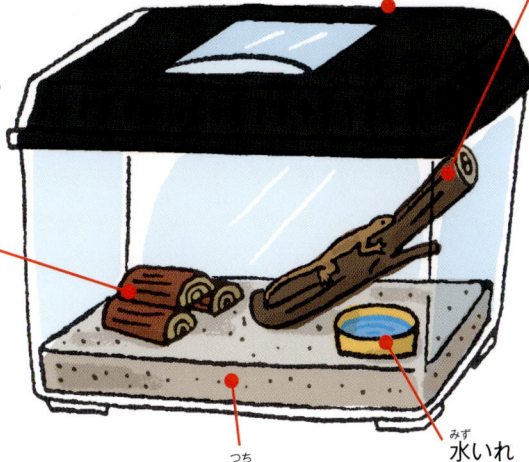

- ふたが しっかり しまる 大きめの プラケース
- 木の えだ
- 土
- 水いれ

●えさ
コオロギ、ミルワーム
（ペットショップで
うられている。）

ふゆに なったら…
キッチンペーパーを
はさんで ふたをし、
土は ふかめに。
木や 石を いれる。

土に もぐって とうみんする。

カタツムリ

プラケースは、きおんの へんかが すくない へやのおくなどに おく。
きりふきをして、いつも 水ごけが すこし しめっている じょうたいに
しよう。（3日に 1かいくらいが めやす。）えさは いつも
はいっているようにして、まいにち とりかえよう。

●えさ
キャベツ、にんじん、
こまつな、
たまごの から など

- 大きめの プラケース
- 木の えだ
- ふとめの 木の えだ
- おちば
- 水ごけ（えんげいてんや ペットショップで うっている。）

しめらせすぎに ちゅうい。
びしょびしょになるまで
きりふきをしないで！

ふゆに なったら…
キッチンペーパーを
はさんで ふたをし、
土と おちばを おおめに
いれる。土と おちばの
あいだで とうみんするよ。

このあたりで とうみんする。

アゲハチョウ

プラケースは、かぜとおしが よく、たいようの ひかりが ちょくせつ あたらない ばしょに おく。えさになる はっぱが なくなったら、あたらしい えだに とりかえよう。えだに うえむきに とまって、じっと うごかなくなったら、もうすぐ さなぎになる あいずだよ。

●えさ
サンショウや ミカンの はっぱ

大きめの プラケースを よこむきにする。

キッチンペーパー。おちた ふんは、ペーパーごと すてる。ぬらさないように ちゅうい。

サンショウや ミカンの えだ

ようちゅうが おちないように、水を いれた びんの 口に、キッチンペーパーなどを かぶせる。

さなぎに なったら…
びんの 水を ぬき、よぶんな えだや はっぱを とろう。うかの かんさつは、17ページを みてね。

ダンゴムシ

ちいさめの プラケースでも かうことができるよ。なつは、かぜとおしの よい すずしいところ、ふゆは あたたかなところに おいてあげよう。おちばや ふようどが へってきたら、あたらしいものを たそう。

どこにも いないな？ と おもったら、石のしたを みてみよう。

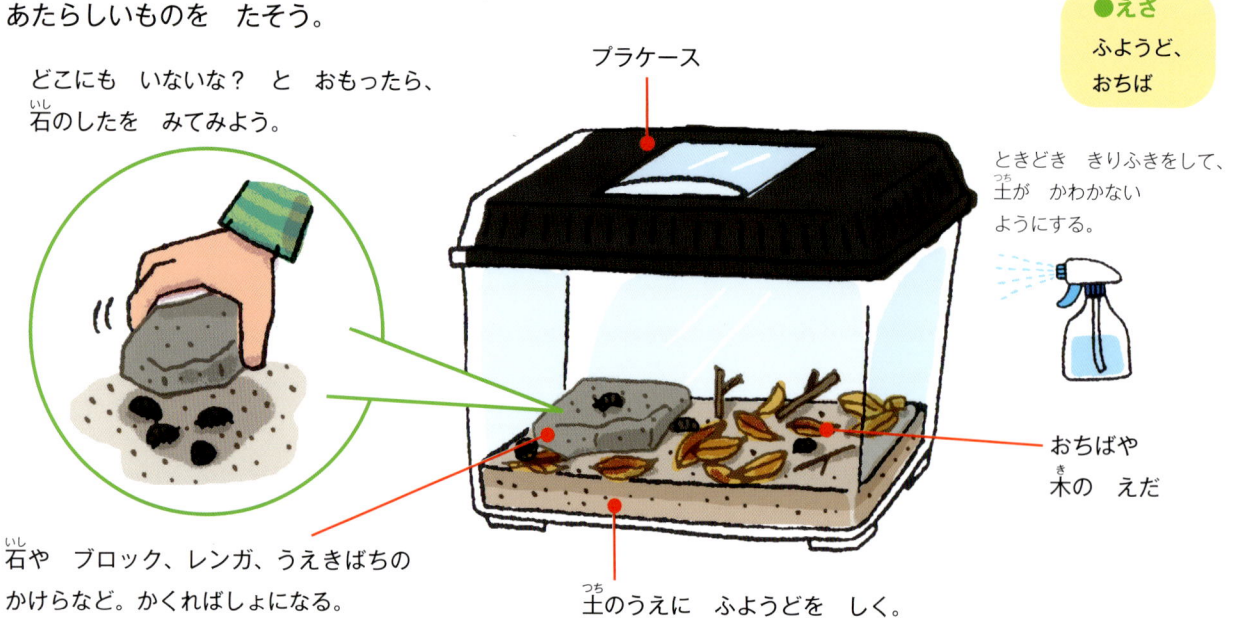

プラケース

●えさ
ふようど、おちば

ときどき きりふきをして、土が かわかない ようにする。

石や ブロック、レンガ、うえきばちの かけらなど。かくればしょになる。

土のうえに ふようどを しく。

おちばや 木の えだ

30

●おとなといっしょによもう

生きものたちと もっとなかよく ふれあおう

松橋 利光

　この本では、自宅の庭や通学路など、日々のくらしに身近な場所でみつかる小さな生きものを紹介しました。自然が豊富であるとはいいがたいような環境でも、これだけ多くの生きものがみられるということをわかっていただけたかと思います。それどころか、カナヘビやスズメ、ツバメのように、人がすむ場所をえらんでくらしている生きものもいます。

　この本にのっているような生きものをみつけるのに、とくべつな道具は必要ありません。でも、「五感」は大切。目でみてさがすだけでなく、音やにおい、温度や湿度をからだ全体で感じるようにすれば、そこに「生きものたちの気配」を感じることができます。そうすれば、「みいつけた！」と、生きもののすがたを目にするのは、もうすぐです。

　生きものをみつけたら、急につかまえようとしてはいけません。どんな生きものなのかわからないものを手でつかむのは、危険なこともあります。また、飼育できないものを家につれてかえってしまうのも、生きものたちがかわいそうです。生きものをみつけたら、まず、どんな種類の生きものなのか、この本や図鑑などでしらべてみましょう。みつけたときに、写真をとったりメモやスケッチをしておくのもいいですね。こうして、すこしずつ生きものたちのことを知っていくことが、たくさんの生きものたちとなかよくふれあうために、とても大切なことです。

ちゅういしよう

- しらない いきものには、さわらないようにしましょう。
- きけんな ばしょや 人の いえ、たんぼや はたけなどには、かってに はいらないようにしましょう。
- スズメバチや マムシ、ムカデなどの きけんな いきものは、どこでであうか わかりません。まわりには いつも 気を くばるようにしましょう。
- よる いきものを さがしにいくときは、かならず おとなと いっしょに でかけましょう。
- しいくできない いきものを もちかえるのは やめましょう。
- つかまえた いきものを はなすときは、かならず もと いた ばしょに はなしましょう。
- いきものを さわったあとは、手を あらいましょう。

あぶないよ！

花のなかに、ハチが かくれて いたり……

手を きったり、かぶれてしまう 草も あるよ。

写真・構成
松橋利光（まつはし としみつ）

1969年、神奈川県に生まれる。
水族館、出版社勤務を経て、フリーのカメラマンとなる。両生類や爬虫類を中心に、生物たちを幅広く撮影。
おもな著書に、山渓ハンディ図鑑『日本のカメ・トカゲ・ヘビ』（山と渓谷社）、『きみだれ？』『カエルといっしょ』（アリス館）、『もってみよう』（小学館）、『てのひらかいじゅう』『へんしん！ たんぼレンジャー』（そうえん社）など多数ある。
●ホームページ http://www.matsu8.com/

【写真提供】大木淳一、安田守（p.6-7）
【協力】秋山幸也、木村知之

ぼくたちを
みつけてね！

＊本書でとりあげている生き物の大きさのあらわしかたは、下のとおりです。

● **チョウ以外の昆虫・クモ**
頭・胸・腹をあわせた長さ。
触角や足などはふくめない。

● **チョウのなかま**
前ばねのつけねから先までの長さ。

● **カナヘビ・トカゲのなかま**
鼻の先からしっぽの先までの長さ。

● **鳥のなかま**
くちばしの先から尾羽の先までの長さ。

● **カタツムリ**
からの直径。

● **ダンゴムシ**
頭の先から腹のはしまでの長さ。
足などはふくめない。

みいつけた！ みぢかないきもの（1）
にわや つうがくろの ちいさな いきもの
・・・・・・・・・・・・・・・・・・・・・・・・・・・・・・・・・・

写真・構成	松橋利光（まつはし としみつ）	
発　行	2011年 3月　第1刷	
	2019年10月　第4刷	
発行者	千葉 均　　　編集 小桜浩子	
発行所	株式会社　ポプラ社	
	〒102-8519　東京都千代田区麹町4-2-6　8・9F	
	電話　03-5877-8109（営業）　03-5877-8113（編集）	
	ホームページ　www.poplar.co.jp	
印刷・製本	凸版印刷株式会社	

© Toshimitsu Matsuhashi 2011　　ISBN978-4-591-12332-4　N.D.C.480　Printed in Japan
●落丁本・乱丁本は、おとりかえいたします。小社宛にご連絡ください。
　電話 0120-666-553　受付時間：月〜金曜日　9:00 〜 17:00（祝日・休日は除く）
●読者の皆様からのお便りをお待ちしています。いただいたお便りは著者へお渡しいたします。

P7103001

みいっけた！ みぢかな いきもの 全5巻

写真・構成 松橋利光

A4変型・各31ページ・オールカラー
N.D.C.480（動物）

1 にわや つうがくろの ちいさな いきもの

いえの にわや まいにち がっこうへ かよう みち。どんな いきものが くらしているかな？

●とりあげている おもな いきもの●

カナヘビ・ダンゴムシ
テントウムシ・アリ
アゲハ・タマムシ
カマキリ
カタツムリ
メジロ・ツバメ

ほか

2 くさはらの ちいさな いきもの

あきちや こうえんなど、草が いっぱい はえている ばしょでは、いろんな いきものが みつかるよ。

●とりあげている おもな いきもの●

ショウリョウバッタ
トノサマバッタ
キリギリス・コガネムシ
モンシロチョウ
アマガエル
くさはらの とり

ほか